Ingo Arndt
wurde 1968 in Frankfurt am Main geboren. Er arbeitet seit 1992 als Tierfotograf. Schon bald erkannte er, dass er mit seinen Bildern für die Natur und den Naturschutz werben kann. Er unternimmt regelmäßig Reisen in die ganze Welt, z. B. an den Amazonas, in die Arktis oder nach Afrika, wo er unter anderem fürs GEO-Magazin Fotos zum Thema Tiere und Natur aufnimmt. Seine Arbeiten sind auch im Internet unter www.ingoarndt.com zu sehen.

Bärbel Oftring
wurde 1962 in Flörsheim am Main geboren. Sie studierte Diplom-Biologie an den Universitäten Mainz und Tübingen und lebt heute als Autorin und Redakteurin in der Nähe von Stuttgart. Sie hat zahlreiche Natursachbücher für Kinder und Erwachsene geschrieben.

Ingo Arndt (Fotos)
Bärbel Oftring (Text)
Tatort Natur

Bibliografische Information der Deutschen Nationalbibliothek
Die Deutsche Nationalbibliothek verzeichnet diese Publikation in der Deutschen Nationalbibliografie; detaillierte bibliografische Daten sind im Internet über http://dnb.d-nb.de abrufbar.

Bibliographisches Institut GmbH
Dudenstraße 6, 68167 Mannheim

Redaktion: Jasna Zagorc
Lektorat: Brigitte Henze
Umschlaggestaltung: Regina Solf unter Verwendung eines Fotos von Ingo Arndt
Satz: Elke Günzel, Düsseldorf
Druck: Sachsendruck Plauen GmbH, Paul-Schneider-Str. 12, 08525 Plauen
ISBN 978-3-7941-9174-1
www.sauerlaender.de

Ingo Arndt · Bärbel Oftring

Tatort Natur

Sauerländer

So groß die Vielfalt an Tieren auf unserem Planeten ist, so vielfältig sind auch ihre Überlebenstricks. Sie lauern im Hinterhalt auf ihre Beute, stellen Fallen, überrumpeln ihre Opfer mit einem Blitzangriff oder setzen ganz gezielt tödliche Waffen ein.

Doch nicht nur im täglichen Kampf um Nahrung geht es ziemlich wüst zu. So werden etwa Murmeltiere zu rücksichtslosen Rüpeln, wenn sie ihr Revier verteidigen. Und See-Elefanten liefern sich erbitterte Kämpfe um die begehrten Weibchen.

Dies sind jedoch nur einige von unzähligen Beispielen, die uns am „Tatort Natur" begegnen. Tagtäglich lassen sich regelrechte Krimis rund um Rang- und Revierkämpfe, ums Beutemachen, um Fressen und Gefressenwerden beobachten. Und wer eben noch Täter war, ist im nächsten Augenblick vielleicht schon selber das Opfer ...

Wanted: Wasserjagdspinne

Eiskalter Giftmord

Tatort: Teichufer im südamerikanischen Regenwald
Tatzeit: 16. Mai, 14.21 Uhr
Opfer: Kleiner Fisch
Motiv: Hunger

Die Täterin in Lauerstellung

Langsam, Stück für Stück, nähert sich ein großer Schatten dem kleinen, silbern glänzenden Fisch – und als er schließlich auf ihn fällt, ist es für den Teichbewohner zu spät. Blitzschnell ergreifen ihn die kräftigen Kieferklauen der Wasserjagdspinne, Mikrosekunden später stößt sie ihre beiden spitzen Giftklauen in den zappelnden Fischkörper. Rasch wirkt ihr Gift, lähmt den Fisch. Seine Zuckungen werden langsamer, dann ist er tot.

Erst als der Fisch sich nicht mehr bewegt, zerrt die Spinne ihre Beute an Land. Das Gift verflüssigt nun das Gewebe im Inneren des Fischs, sodass die Spinne ihn anschließend wie mit einem Trinkhalm aussaugen kann. Dazu braucht sie einige Stunden. Von einer solch üppigen Mahlzeit kann die Spinne etliche Tage zehren und braucht nicht gleich wieder auf die Jagd zu gehen.

Wanted: Breitschnauzenkaiman

Mordanschlag aus dem Hinterhalt

Tatort: Sumpfgebiet in Argentinien, Südamerika
Tatzeit: 18. September, 18.43 Uhr
Opfer: Wels
Motiv: Hunger

Die Tatwaffe

Ruhig liegt der sumpfige See in der Abenddämmerung da – doch der friedliche Schein trügt. Denn im ufernahen Wasser, wo die Äste des Urwalds tief über der Wasseroberfläche hängen, lauert ein Breitschnauzenkaiman. Ein Jungkaiman zwar, aber schon jetzt ist der größte Fleischfresser Südamerikas nicht zu unterschätzen. Blitzartig schlägt er zu und schnappt sich einen Wels. Wie ein Schraubstock, aus dem es kein Entrinnen gibt, umschließt er mit seinen kräftigen Kiefern sein Opfer, bevor er es schließlich mit einem einzigen Happs verschlingt.

Wenn der Kaiman in ein paar Jahren erwachsen ist, werden nicht nur Fische oder Piranhas, Krebs- und Weichtiere zu seinen Beutetieren gehören, sondern auch die größten Nagetiere und Schlangen der Erde – Wasserschweine und Anakondas.

Wanted: Chamäleon

Tödlicher Scharfschützenanschlag

Tatort: Madagaskar
Tatzeit: 11. März, 7.03 Uhr
Opfer: Heuschrecke
Motiv: Appetit

Das Tatwerkzeug im Einsatz

Das Opfer hat keine Chance! Ahnungslos trippelt die Heuschrecke auf dem Ast hin und her – und achtet nicht auf das Chamäleon, das sich ihr langsam, aber unerbittlich nähert. Spätestens als sich beide Augen des Chamäleons auf die Heuschrecke richten, um den genauen Abstand zur Beute zu ermitteln, ist ihr Schicksal besiegelt.

Langsam öffnet das Chamäleon nun sein Maul und entsichert seine gefährlichste Waffe, indem es die Zunge ein Stück nach vorne schiebt. Und dann, urplötzlich, schießt sie pfeilschnell auf das wehrlose Opfer los. Die überraschte Heuschrecke bleibt an der klebrigen Zungenspitze haften und wird in einer Zehntelsekunde ins Maul des Chamäleons befördert.

Dieser Fangmechanismus ist so genial, dass Chamäleons auf diese Weise nicht nur Heuschrecken, Käfer, Libellen und Fliegen erbeuten, sondern sogar Eidechsen und kleine Vögel!

Wanted: Kreuzkröte

Fahrlässige Tötung im Liebesrausch

Tatort: Stillgewässer am Steinbruch, Deutschland
Tatzeit: 29. April, 22.34 Uhr
Opfer: Kreuzkrötenweibchen
Motiv: Paarungslust

Der Täter wider Willen

Warme Regennächte im Frühjahr sind für die Kreuzkrötenmännchen das Startsignal. Dann eilen sie zu dem Gewässer, in dem sie einst schlüpften, und versuchen, Weibchen zur Paarung anzulocken. Überall am Ufer ertönen ihre Rufe. Doch die Weibchen lassen sich Zeit. Immer ungeduldiger stürzen sich die Krötenmännchen auf alles, was sich bewegt oder weich ist – manchmal sogar auf andere Männchen. Ganze Tage verbringen sie mit lautstarkem Werben. Und die Schar der paarungswilligen Kandidaten wird immer größer.

Da – endlich – taucht das erste Krötenweibchen auf und sorgt für helle Aufregung. Sofort fallen zwei, drei und mehr Männchen über das Weibchen her. Aber im allgemeinen Getümmel erreichen sie meist doch nicht ihr Ziel: sich allein auf den Rücken des Weibchens zu schwingen, um die Eier während der Ablage im Wasser zu besamen. Und so endet mancher dieser Überfälle im flachen Wasser damit, dass das Krötenweibchen ertrinkt.

Wanted: See-Elefant

Schwere Körperverletzung

Tatort: Pazifikstrand in Nordkalifornien, USA
Tatzeit: 5. Januar, 16.05 Uhr
Opfer: Rivalisierender Artgenosse
Motiv: Rangkämpfe um die Weibchen

Die Opfer

Hoch aufgerichtet und mit aufgeblasenen Nasensäcken brüllen sich die Rivalen an, werfen mit voller Wucht ihre tonnenschweren Körper gegeneinander. Gnadenlos rammen die See-Elefanten-Bullen ihre Eckzähne in den Hals oder die Nase des Gegners. Blutüberströmt hauen sie so lange aufeinander ein, bis der Schwächere ins Meer oder an den Rand der Kolonie getrieben ist. Der Sieger ist der Strandmeister. Nur er darf sich mit den Weibchen paaren.

Doch die unterlegenen Bullen versuchen immer wieder ihr Glück und schleichen sich an die Weibchen an. Sofort eilt der Strandmeister herbei, um seinen Rang zu verteidigen. Und weil diese Kämpfe der Bullen oft mitten zwischen den Weibchen und ihren wenige Wochen alten Babys stattfinden, werden sie nicht selten von den massigen Männchen überrollt und zerquetscht.

Wanted: Schabrackenschakal

Tödlicher Überfall

Tatort: Strand an der Skelettküste, Namibia, Afrika
Tatzeit: 27. November, 8.53 Uhr
Opfer: Südafrikanisches Pelzrobbenbaby
Motiv: Futtersuche für den Nachwuchs

Die möglichen Opfer

Unvermittelt taucht er auf, der Schabrackenschakal. Tausende Pelzrobbenmütter mit ihren neugeborenen Babys bevölkern zurzeit die Küste. Leichten Fußes trabt der afrikanische Wildhund am Rand der Kolonie entlang. Kommt er zu nah, bilden die Robbenmütter einen Schutzwall und achten darauf, dass die Jungen hinter ihren großen, aufgerichteten Leibern bleiben.

Doch bald hat der Schakal ein Robbenbaby gesichtet, das sich zu weit von seiner Mutter entfernt hat. Sofort ist er da. Die Robbenmutter kommt fauchend hinzu und versucht, ihn beiseitezudrängen. Aber der Schakal ist schneller – mit einem Ruck zieht er das Kleine zu sich, verbeißt sich in seiner Kehle und wartet, bis es erstickt ist.

Schabrackenschakale töten aber nicht nur Robbenbabys. Sie fressen auch junge Robben, die bei ihren Schwimmversuchen ertrunken sind. So sorgen die Schakale dafür, dass die Kadaver nicht den Strand verseuchen.

Wanted: Murmeltier

Gefährliche Körperverletzung nach Hausfriedensbruch

Tatort: Alm in den Alpen, oberhalb der Baumgrenze
Tatzeit: 2. Mai, 16.12 Uhr
Opfer: Lästiger Nebenbuhler
Motiv: Verteidigung des Reviers

Die Tatzeugen

Das Revier ist deutlich markiert: Dafür sorgt das Murmeltiermännchen mit lauten Pfiffen und einem duftenden Sekret, das es an Büschen und Pflanzen abstreift. Und doch überschreitet hin und wieder ein Nebenbuhler diese Grenze und wagt sich auf fremdes Gebiet.

Sofort stürzt sich das Familienoberhaupt auf den Eindringling und greift ihn, auf den Hinterbeinen stehend, mit scharfen Krallen an. Der Herausforderer wehrt sich. Doch das Murmeltiermännchen verteidigt sein Revier mit aller Kraft. Schließlich setzt es seine gefährlichste Waffe ein – seine langen Nagezähne, die ständig nachwachsen. Einmal, zweimal beißt es zu. Und endlich flieht der Störenfried, mit tiefen, blutigen Wunden.

Würde ein fremdes Weibchen ins Revier eindringen, so erginge es ihm ähnlich – dann übernähme allerdings das Murmeltierweibchen die Verteidigung des Reviers.

Wanted: Kreuzspinne

Heimtückischer Giftmord

Tatort: Cape-May-Halbinsel, Ostküste der USA
Tatzeit: 23. August, 11.34 Uhr
Opfer: Monarchfalter
Motiv: Anlegen von Nahrungsvorräten

Die Täterin und ihr Opfer

Zappelnd verheddert sich der Monarchfalter immer mehr in einem Gewirr klebriger Fäden. Und die aufmerksam gewordene Spinne muss nur noch ein klein wenig Geduld haben, bis es für ihr Opfer kein Entkommen mehr gibt.

Kreuzspinnen sind Experten, wenn es um tödliche Netze aus feinster Spinnenseide geht. Nicht nur bei uns in Europa, auch in Nordamerika spannen sie ihre fast unsichtbaren Todesfallen zwischen Büschen und Bäumen auf. Und so landet auch dieser schöne Schmetterling darin.

Bald schon kann die Kreuzspinne ihre Beute mit Spinnfäden umgarnen wie eine Mumie. Dann versetzt sie ihr einen tödlichen Biss. Das lähmende Gift wirkt schnell. Hat die Spinne an diesem Tag noch nichts gefressen, saugt sie bald die fette Beute aus. Ist sie satt, so lässt sie sie, eingewickelt wie ein Bonbon, als Vorrat in der Nähe des Netzes hängen.

Wanted: Totenkopfschwärmer

Einbruch und Betrug

Tatort: Bienenstock, Italien

Tatzeit: 21. August, 21.42 Uhr

Opfer: Honigbienen

Motiv: Auffüllen der eigenen Energiespeicher

Die Opfer am Tatort

Normalerweise funktionieren die Kontrollen der Wächterbienen am Eingang zum Bienenstock. Und doch verschaffen sich immer wieder Diebe Zugang zu den begehrten Honigwaben: zum Beispiel auch der imposante Totenkopfschwärmer.

Doch wie hat es dieser Schmetterling geschafft, sich an den Wächterinnen vorbeizumogeln? Wieso wird er von den Honigbienen nicht angegriffen und vertrieben? Ganz einfach: Er trägt eine Tarnkappe aus einem bienenähnlichen Duft. Denn bei Honigbienen ist nicht das Aussehen das entscheidende Merkmal, um Eindringlinge zu erkennen, sondern der Geruch. Einmal im Bienenstock drin, verteilt der Totenkopfschwärmer mit schlagenden Flügeln diesen Duft und saugt mit seinem kurzen Rüssel den Honig aus den Waben. Doch nach einer Weile fliegt seine ausgeklügelte Tarnung auf. Dann greifen ihn die Bienen mit gezücktem Giftstachel an und er muss schleunigst fliehen.

Wanted: Seeadler

Bewaffneter Überfall mit Todesfolge

Tatort: Küstengewässer der Ostsee

Tatzeit: 7. Juni, 9.15 Uhr

Opfer: Hecht

Motiv: Ernährung der Küken

Der Täter auf Beutezug

Fische leben gefährlich. Da sie in der natürlichen Nahrungskette ziemlich am Anfang stehen, werden sie früher oder später gefressen. Für den Hecht, einen gefräßigen Raubfisch, der dafür bekannt ist, dass er schwimmende Entenküken unter Wasser zieht, kommt das Unheil von oben.

Im Sturzflug stößt der Seeadler auf ihn herab und fährt mit seinen dolchartig gebogenen, messerscharfen Krallen ins Wasser. Dann ein schneller, fester Griff um den glitschigen Fischkörper – und ab geht's in die Luft, hin zum Adlerhorst. Dort warten schon die hungrigen Jungen auf die nächste Mahlzeit.

Normalerweise hat der Seeadler keine Probleme, seine Beute durch die Luft fortzutragen. Schwierig wird es nur bei großen Fischen, die auch noch heftig zappeln. Dann bleibt ihm nur übrig, mit dem festgekrallten Fisch möglichst schnell abzuheben oder ihn wieder loszulassen. Ansonsten ertrinkt er.

Infos: Tierporträts

Die handtellergroße südamerikanische **Wasserjagdspinne** kann sich sehr schnell auf der Wasseroberfläche fortbewegen. Zwar bleibt sie auch bis zu 30 Minuten unter Wasser, etwa wenn Gefahr droht oder auch um zu jagen. Lieber aber erbeutet dieser Anschleich- und Lauerjäger Insekten, Kaulquappen und kleine Fische an der Wasseroberfläche. Gerade paarungsbereite Weibchen fangen dabei auch größere Beutetiere wie Fische. Denn eine solche Mahlzeit liefert genügend Energie, damit ihre bis zu 1000 Eier im Lauf der folgenden zwei bis drei Wochen heranreifen können. (→ zum Krimi auf Seite 8/9)

Wie alle Krokodile kann auch der **Breitschnauzenkaiman** mit seinen Zähnen nicht kauen, sondern nur zuschnappen. Mehr als 70 scharfe, nachwachsende Zähne in seinem Maul helfen ihm, die Beute zu fixieren. Kleinere Tiere verschlingt er als Ganzes, größere ertränkt er, bevor er sie frisst. Im Magen zersetzen ätzende Säuren das Beutetier. Verschluckte Steine und knetende Bewegungen der Magenmuskulatur unterstützen zusätzlich die Verdauung von großen Fleischbrocken. (→ zum Krimi auf Seite 10/11)

Chamäleons sind dafür bekannt, die Farbe zu wechseln. Damit zeigen sie, ob sie angriffslustig, paarungswillig oder krank sind. Mit ihren zangenförmigen Füßen und ihrem Greifschwanz sind Chamäleons besonders gut für das Leben in Bäumen ausgerüstet. Ihre scharfen, einzeln beweglichen Augen können in alle Richtungen gedreht werden, um im Rundumblick mögliche Beutetiere ins Visier zu nehmen. Dann kommt die schnellste Zunge der Welt zum Einsatz: Mit einer Geschwindigkeit von 21,6 Stundenkilometern wird sie aus dem Maul herausgeschleudert, um das Opfer damit blitzschnell einzufangen. (→ zum Krimi auf Seite 12/13)

Kreuzkröten zählen zu den lautesten heimischen Lurchen. Ihre knarrenden Lockrufe sind bis zu 2 Kilometer weit hörbar. Im Frühjahr ist auch bei diesen Tieren Paarungszeit. Dann gibt es für Tage und Wochen nur ein noch Lebensziel: einen Partner finden, sich paaren und fortpflanzen. Für die Kreuzkrötenmännchen ist diese Zeit in der Regel anstrengender als für die Weibchen. Da es viel mehr Kreuzkrötenmännchen als Kreuzkrötenweibchen gibt, müssen sie sich schließlich gegen mehr Konkurrenz durchsetzen. (→ zum Krimi auf Seite 14/15)

See-Elefanten, die größten Robben der Erde, verdanken ihren Namen den rüsselförmigen Nasen älterer Männchen. Ihre Paarungszeit an Land dauert mehrere Wochen. Danach ziehen die bis zu 3,5 Tonnen schweren und bis zu 6,5 Meter langen Männchen wieder zurück ins Meer. Ihnen folgen bald die nur bis zu 3,5 Meter langen und bis zu 900 Kilogramm schweren Weibchen. Ein Jahr später werden sie am selben Strand ihre Jungen gebären und sich wieder paaren. Die Jungen bleiben zunächst allein am Strand zurück. Doch auch sie zieht es schon bald aufs Meer hinaus. (→ zum Krimi auf Seite 16/17)

Schabrackenschakale sind afrikanische Wildhunde, deren Fellzeichnung auf dem Rücken an eine Satteldecke erinnert – eine Schabracke. Schabrackenschakale leben an der Skelettküste in Namibia, im Südwesten Afrikas. Das Nahrungsangebot in diesem Küstenstreifen ist knapp. Richtig viel zu fressen gibt es nur ein paar Wochen lang, wenn die Pelzrobben Junge bekommen. Dann ernähren sich die Schakale von den Nachgeburten und den Robbenjungen. Denn sie brauchen in dieser Zeit viel Futter, müssen sie doch selbst ihre fünf bis sieben Jungen satt bekommen. (→ zum Krimi auf Seite 18/19)

Murmeltiere gelten als friedliche, possierliche Nagetiere. Sie leben in den Alpen auf Almen und Weideflächen oberhalb der Baumgrenze. Nachts und im Winter ruhen sie in tiefen, selbst gegrabenen Erdbauen, tagsüber weiden sie Kräuter und Blumen ab. Jede Murmeltierfamilie lebt in einem Revier, dessen Grenzen den Artgenossen mit Düften und lauten Pfiffen angezeigt werden. Mit einem lang gezogenen Pfiff werden die Familienmitglieder auch vor Feinden gewarnt. (→ zum Krimi auf Seite 20/21)

Spinnen gehören zu den wenigen Tiergruppen, in denen ausnahmslos alle Mitglieder fleischfressende Räuber und Jäger sind. Manche lauern in Höhlen und Hinterhalten auf ihre Opfer, andere überfallen ihre Beute mit ihren klebrigen Spinnfäden, wieder andere bauen raffinierte Fangnetze. Und all diese Jagdmethoden sind äußerst erfolgreich. Fliegen, Mücken, Käfer, Bienen, Wespen und Schmetterlinge haben keine Chance zu entkommen. Kreuzspinnen zählen zu den bekanntesten netzbauenden Spinnen. Mit rund zehn Arten sind sie in Europa vertreten. Mehrere Hundert Arten bevölkern die ganze Welt. (→ zum Krimi auf Seite 22/23)

Totenkopfschwärmer lieben Honig. Neben Bären und Dachsen gehören die Schmetterlinge zu den häufigsten Honigräubern in Bienenstöcken. Ihr Name geht auf die auffällige Zeichnung auf ihrem Brustteil zurück. Zum Saugen besitzen die 6 Zentimeter großen Falter einen etwa 1,5 Zentimeter langen Rüssel, den sie spiralförmig einrollen können. Totenkopfschwärmer wandern stets weit umher: Von Afrika aus fliegen sie übers Mittelmeer nach Südeuropa. Manchmal kommen diese Wanderfalter auch bis zu uns oder sogar bis nach Nordeuropa. Die hübschen gelb-blauen Raupen des Totenkopfschwärmers leben gern in Kartoffelfeldern, wo sie sich von den Blättern der Kartoffelpflanze ernähren. (→ zum Krimi auf Seite 24/25)

Der **Seeadler** ist der größte heimische Greifvogel. Seine ausgebreiteten Flügel haben eine Spannweite von bis zu 2,5 Metern. Neben Hechten stehen Dorsche, Aale, Barsche und Karpfen auf seinem Speisezettel. Doch er vergreift sich auch an Vögeln. Kleinere Vögel erbeutet er mühelos im Flug, größere wie Enten oder Blesshühner greift er so lange an, bis sie ermüden. Dann überwältigt er die erschöpften Tiere. Während der Brutzeit wird der Seeadler auch zum Nesträuber. Auf seinen Raubzügen durch die Kolonien von Kormoranen und anderen Seevögeln stiehlt er die jungen Vögel direkt aus dem Nest. (→ zum Krimi auf Seite 26/27)